再会の奇跡

小椋　てつ

再会の奇跡　目次

再会の奇跡

私はリリー

私の名前はリリー。

血統書に届けられた名前は〝スザンヌ・オブ・シーサイドスター〟とちょっと長く、そして優雅である。名前も華麗だが、決して名前負けをしているとは思っていない。

家人は幼い頃の私から、成犬になった今の容姿を想像していなかったようだ。首のリングの白さ、すっきりとした4本の足、尾の先端がちょっと白く、耳は大きくピンと立ち、腹部から後ろ足にかけての金色に輝く毛並みが美しい。

幼い頃の私は白い首のリングと四本足の他は全身薄茶色で目は涼しく愛嬌が良かった。

子供達に「犬がほしい」とせがまれていた家人は、デパートで私を見てすぐ決

めたと言う。それまで世話をしてくれたデパートのおじさんから「可愛がってもらいなよ」と見送られ、ダンボールに入れられ、電車に乗って今の家に来た。玄関にダンボールのハウスを作ってくれたが、初めての家は不安でいっぱいだった。
子供達は大喜びで私を迎えてくれたが、様子のわからない新しい家に来て、1週間は声も立てずに過ごした。家人は吠えることができないのではないかと心配したと言う。
私はシェットランド・シープドッグのメスである。

私の先祖はスコットランドの牧羊犬で、人間と一緒に羊を追っていたようである。今でも時々、家人が出かけるとき、踵を軽く噛んでせかしてしまうが、これは遠い先祖の血の為せる技なのだと思う。

自分が分っている先祖はお祖父さんとお祖母さんからだ。以前、血統書を見たブリーダーがお祖父さんのことをよく知っていた。お祖父さんは山形県に住んでいて、全日本チャンピオンだったとか。その時、私も「女の子なのに毛が豊富で毛並みがいい」とほめられた。家人は「この子はお利口さん」と言うから、競技のための訓練をされていたらチャンピオンになっていたかも知れない。でも幸か不幸か、家人は「芸を仕込まなくても、人間と生活をしていく上でのルールが理解できていればいい」と仕込んではくれなかった。

私は人犬（にんけん）

自分の生活を振り返ってみて、自分は人犬だと思ってしまう。勿論、辞書に人犬などという言葉は無い。それでも日々、人間と一緒に生活をしながら人間の世界に大きく関わり、人間から多大な影響を受け、物の見方や考え方が人間化してきているのを感じるからだ。

若い頃、自分は犬だとは思っていなかった。家の中を自由に歩き回り、家人と同じ物を食べ、布団に寝て、可愛がられながら人間と同じ生活をしていた。時々、抱っこされて鏡の前に連れてこられ、目の前にいる犬にびっくりしたものだ。窓越しに、よその犬が散歩しているのを見ても、首輪をされ紐で引っ張られて、何で嬉しそうに歩いているのかと不思議に思っていた。私も散歩に連れていかれたが、首輪が嫌いだった。静かに家人に付いて歩いていると、首輪をしなくても、そのまま連れて行ってくれることが多かった。途中で他の犬と会うのが大嫌いだった。運悪く会ってしまった時は、相手の犬を見ないようにして急いで通り過ぎた。

もし、私も他の犬と同じように、家人と離れず、ずっと家にいたのであれば、若い時の延長の我儘な老犬でしかなかったと思う。

しかし、北東北の地で迷子になり、家人と離れ離れになってしまった2年半が、私の人生ならぬ犬生に大きな影響を及ぼした。この2年半の経験を伝えたいと思いながらも私にはそのすべがない。家人は色々問い掛けるが、私は家人を見上げるか、「ワン」と応えるだけである。体に刻み込まれた傷やその周辺のことから、私の犬生を推測してもらいたいと思っている。

人間が人生の後半になって自分の人生を振り返るように私も人生ならぬ犬生を振り返ってみようと思う。

もうすぐ誕生日

私は今年の誕生日で21歳になる。

血統書には元旦生まれと書いてあるが、本当にお正月に生まれたのか、多少さばを読んでいるのかは分らない。人間でいえば百歳になる。

近所の若い犬が早世する中、私は近隣の犬の長寿記録（？）を更新中である。

それでも最近は少し足腰が弱くなりフローリングの床を歩いていると、カチャ、カチャと爪との摩擦音を立ててしまう。足の指に力を入れて歩いていても、滑って尻もちをつくことがある。悲しいことだが若いと思っていても確実に年をとっていることを感じる。

しかし、家人は加齢のためよりも、私が小利口なためだからと見方が手厳しい。確かに最近、歩くのが億劫になり横断歩道の真ん中で動かずにいたことはある。

家人は「こんな所で」と文句を言いながらも、抱っこをして連れて行ってくれたので味を占めて何回も同じようなことをした。散歩の途中から抱っこして、結果的には外気浴をして戻ってくることも多い。

このように我儘を通しているから、足腰が弱くなってきても自業自得なのかもしれない。

それにしても人間は甘い。ちょっと可愛い顔をして家人を見上げるだけで、こちらの気持を汲みこんでくれるのだ。

大好きなベッド

私のベッドは居間にあるピアノの近くにある。

伸ばした座椅子の上にベビー用の敷布団を敷いた簡易なものだ。

地震があると怖いが、そうでなければ家人の動向が観察できる便利な場所なのだ。私はとても気に入っているが、困ったことに時々、家人たちが私のベッドを占拠する。「ちょっと横になって」と軽い気持だろうが、ちょっとのつもりが昼寝になったりして迷惑な時がある。そんな時は、占拠者が寝返りを打ったりするちょっとした隙を見ては、素早く横になりベッドを取り返している。

私はベッドの敷布団を買ってもらった時のことを良く覚えている。スーパーの駐車場で、いつものように車の中で待っていると、家人が大きな紙袋を抱え

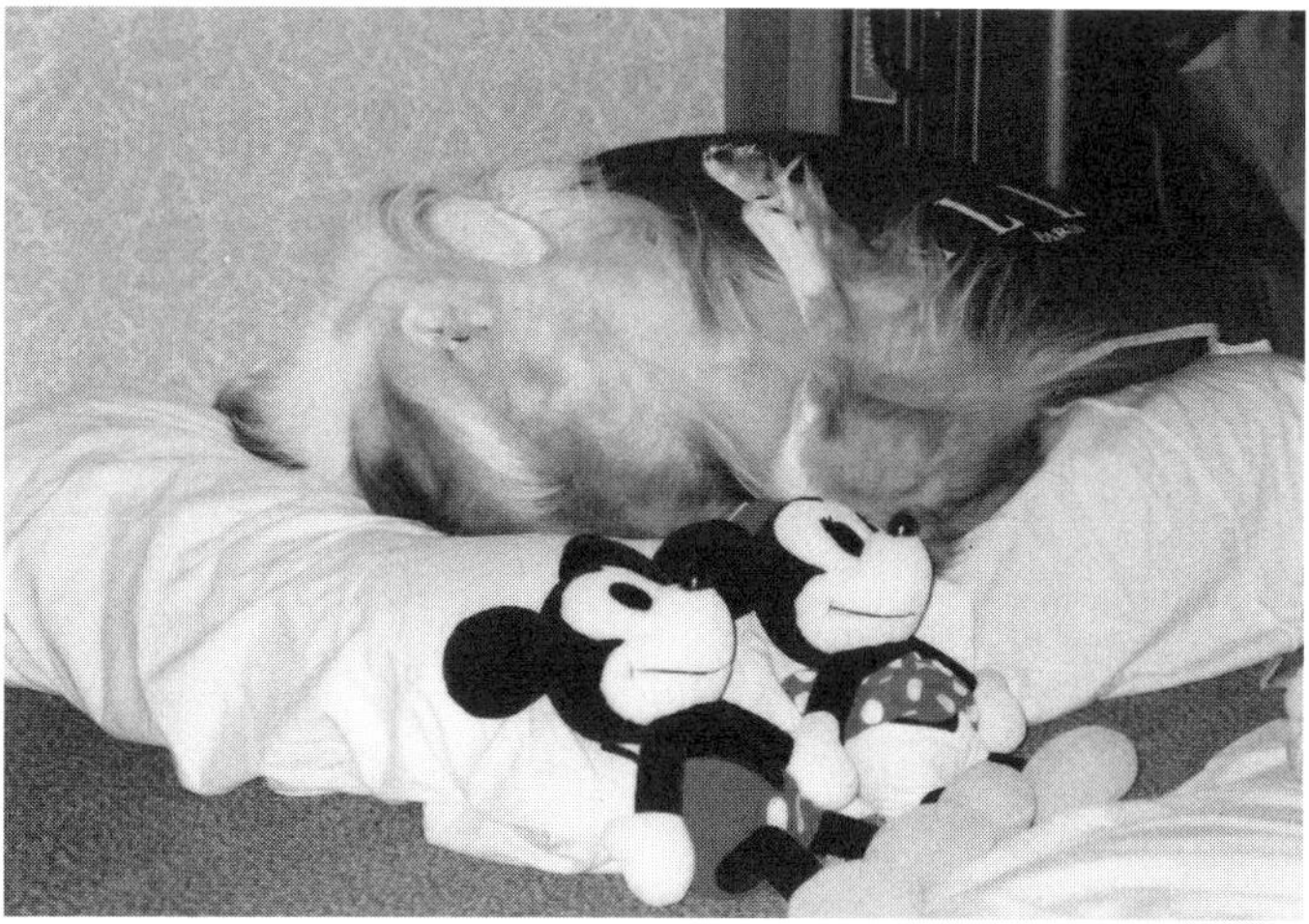

て戻ってきた。「これは、リリーちゃんの新しい布団よ」と見せてくれた。私のベッドにある布団と似ているからすぐ自分のものだとわかった。熊さんのかわいい絵柄の布団だ。大喜びをしていたら、家人は「この子は自分の布団だと分るみたい」とびっくりしていた。

うちに帰ると、早速敷いてくれたのでその上に滑り込んだ。ふかふかの布団に体が埋もれるのが嬉しくて、暫くの間お腹を出して寝ていた。

眠り

長年人間と生活を共にしていると、自分も知らず知らずの内に犬の生活を忘れてしまう。睡眠リズムは何時の間にか人間並みになり、最近は夜グッスリで家人が夜中に帰ってきても熟睡していて目が覚めない。犬の役割を果たさないと厭味を言われる。

確かに、この家の主の方が物音に敏感で目ざとく覚醒する。息子、娘たちはいつまでも起きていて、夜中にコンビニや本屋に行ったりして私よりずっと夜行性の生活を送っているのだ。今に、人間のほうが暗闇の中で目が光り、見えるようになっていくのではないかと思ってしまう。

私はよく眠る。

年の所為か、最近は特に眠い。いびきをかき、おなかを出して仰向けにも寝る。仰向けの姿勢は気に入っている。足が180度に開いてお腹と一直線になる。この体勢は夏場には熱を発散し易く、人間より体温が高い私としては涼しくて気持ちがいい。寒い季節になってくると、この状態に毛布をかけてもらえる。少し長く寝ていると、足が開きすぎて寝返りを打てなくなることが度々ある。でも、この体勢はなんだか人間的で、多少動きにくくなっても続けてしまう。

夢

この頃は夢を見ることが少なくなった。

迷子になって帰宅できたばかりのころはよく夢を見た。ウーウーうなったり、走ったり、喧嘩をしたり、攻撃的な夢が多かった。

人からの保護がなくなり自力で生きていかなければならない状況がいかに大変か、家人と離れて初めて経験した。

人間も優しい人ばかりではなかった。

家人と再会した後も人の手が頭上に来ると反射的に首がすくんでしまうことが一年以上続いた。

最近は静かに寝ているものだから、家人は私の寝顔を観察しながら色々いたずらをする。声かけをしながら、夢の中で走らせたり猫と対面させたりして楽しんでいるようだ。

そう言えば、「ヨーイドーン」とか「猫・猫」と耳元で囁かれて、目が覚めたことが何度かあった。

時には寝ながら手足が動いたり、うなり声を上げたりするそうだ。家人は夢を操作していると楽しそうに話しているが、私としては熟睡できず、走った夢の後は妙に疲れが残り、夢で猫と出会った後は息が弾んでいる。

全く、迷惑な話だ。

東北自動車道で田舎へ

私が秋田県の尾去沢で迷子になったのは七歳半の時だった。

我が家の子ども達が幼い頃は毎年、夏休みの締めくくりを家人の実家で過ごしていた。

その年も残り少ない夏休みを楽しもうと、車でのんびりと十時間ほどかけて実家に出かけた。車酔いをし易かった私は、獣医からもらった酔い止め薬を飲ませてもらい後部座席で横になって出かけた。東北自動車道のサービスエリアで頻繁に休憩を取りながらの旅行だった。

実家には毎年行っているので、子供たちと同様にわくわくし、サービスエリアの芝生でかけっこしたり、寝転んだり楽しみながらも多少興奮気味だった。

普段、私は家族以外の人には人見知りをするのだが、実家に着くとおばさんには愛想を振りまくった。おばさんは大の犬好きで、私を撫でてくれ、私が家の中を歩き回っても嫌な顔をしなかった。実家に着くといつも疲れているだろうからと奥の部屋に早めに布団を敷いてくれた。部屋一杯に敷いてくれる布団の上に子供たちと一緒にゴロゴロ寝るのが大好きだった。

尾去沢での悪夢

翌日はおばさんの家族と車2台で、実家から1時間ほど離れた場所にある尾去沢に出かけた。ここは以前、銅山として栄えた町だが、今はその銅山跡の坑道を観光化して営業していた。山の中腹より少し上方におみやげ店があり、坑道口はその近くにあった。

私は一緒に連れて行ってもらえず、車の中で待つことになった。車酔いをする私は車に乗っていること自体とても辛かった。

車で待つ私を心配した家人は、面倒を見てもらおうと実家のおじさんの車に預けて出かけていった。最悪だった。「車が大嫌いなのに」、「家の車のほうがまだ良かった」、「前の座席にはおじさんがいる」と置いて行った家族を恨んだ。

随分長い時間が過ぎた。それでも家人はまだ帰ってこない。自分はどうなってしまうのだろう。家人は本当に帰ってくるのだろうか。不安と恐怖で一杯だった。お腹が痛くなってきた。お小水も催してきた。その様子を見ていたおじさんは、車の中で大小をされたらかなわないと思ったようで、車のドアを開けた。私は車から外に出た。

目の前には広々とした駐車場があった。駐車場の広さと山々の静けさは私の不安と恐怖を一層増幅させた。パニックを起こした私は、家人が向かった坑道口と反対方向のゴーカート場に入ってしまった。私自身はその時のことをあまり覚えていないが、ゴーカートの轟音がして、人間に追い払われて山の中に逃げ込んだように思う。

孤独な旅のはじまり

それが私の運命の日となった。

家人はゆっくりと見学を終えて出てきた。私がいなくなったことにびっくりしながらも、当初はすぐ見つかるだろうと思っていたようである。それは私に対する信頼からでもあった。

確かに、私は、一度はゴーカート場に戻った。手分けをして探し回っていた家人の中で次女がゴーカート場に残っており、私を見て大声で呼んだという。パニックを起こしていた私にはその記憶がまるで無い。次女の必死の声も聞こえず、また山の中に入ってしまった。

時間が経つにつれ、家人の不安はつのり、捜索も必死になっていったようだ。

私が入り込んだ山は急斜面で杉の木が林立する、日中でも薄暗く、湿り気が

料金受取人払郵便

小石川局承認

6277

差出有効期間
令和8年3月
31日まで
（期間後は切手をおはりください）

郵便はがき

112-8790

105

東京都文京区関口1-23-6
東洋出版　編集部　行

本のご注文はこのはがきをご利用ください

●ご注文の本は、楽天ブックスより、1週間前後でお届けいたします。代金は、お届けの際、下記金額をお支払いください。

お支払い金額＝税込価格＋代引き手数料330円

●電話やFAXでもご注文を承ります。

電話　03-5261-1004　　FAX　03-5261-1002

ご注文の書名	税込価格	冊　数

● 本のお届け先　※下記のご連絡先と異なる場合にご記入ください。

ふりがな
お名前　　　　お電話番号

ご住所　〒　　　－

e-mail　　　@

ご記入いただいた個人情報は、お問い合わせへのお返事、ご注文の商品発送、新刊・企画などのご案内以外の目的には使用いたしません。

東洋出版の書籍をご購入いただき、誠にありがとうございます。

今後の出版活動の参考とさせていただきますので、アンケートにご協力いただきますよう、お願い申し上げます。

● この本の書名

● この本は、何でお知りになりましたか？（複数回答可）
1. 書店　2. 新聞広告（　　　　　新聞）　3. 書評・記事　4. 人の紹介
5. 図書室・図書館　6. ウェブ・SNS　7. その他（　　　　　）

● この本をご購入いただいた理由は何ですか？（複数回答可）
1. テーマ・タイトル　2. 著者　3. 装丁　4. 広告・書評
5. その他（　　　　　）

● 本書をお読みになったご感想をお書きください

● 今後読んでみたい書籍のテーマ・分野などありましたらお書きください

ご感想を匿名で書籍のPR等に使用させていただくことがございます。
ご了承いただけない場合は、右の□内に✓をご記入ください。　□許可しない

※メッセージは、著者にお届けいたします。差し支えない範囲で下欄もご記入ください。

●ご職業　1.会社員　2.経営者　3.公務員　4.教育関係者　5.自営業　6.主婦
7.学生　8.アルバイト　9.その他（　　　　　）

●お住まいの地域

都道府県　　　　市町村区　男・女　年齢　　　歳

ご協力ありがとうございました。

漂った所だった。一帯は静かで、枯れ木や枯れ草が山肌を覆っており、人間が踏み込むとその重みで踝の上まで沈み込んでしまう状態だった。家人はその山に入りながら、大声で私の名前を呼んだという。この山全体の静けさの中で、ゴーカート場だけがスポットライトを浴びているように喧騒があった。箱入り娘の私にはあの喧騒が怖かった。

その日は台風が北上していたため、午前中は晴れていた天気が午後は曇り空になり、遅くなるほどに天候が悪化し、夜中には大雨になった。しかし、あの日のことを思い出すと何故か、北東北の夏の終わりの高く澄み切った青空と、明るい光の中の駐車場とゴーカート場を思い出してしまう。この光景が、家人と離れ離れになった最後の記憶として繰り返し思い出された。

必死の捜索

時間の経過は家人をますます不安にさせた。

一台一台と帰路に着く他の車を背中で見送りながら、広々とした駐車場に家人の車だけがポツンと残った。この駐車場から見る眼下の山々は、時間の経過と共に緑から灰色の靄がかかり、日暮れと共に黒く変化し、漆黒の世界へと変っていく。私の名前を呼び続けた家族の声は山彦になって反響し、私の方向感覚を狂わせた。その声も夜半からは、北上して来た台風から低気圧に変化した風雨にかき消されて届かなくなってしまった。

翌日は朝から、雨だった。日中になっても客足が無く、広々とした駐車場は閑散としてさびしかった。家人は駐車場を拠点にしながら、店員に聞き込みをし、野良犬が住みついているというゴミ捨て場や里山も探し続けた。夕方になって雨があがり、山際から見える夕日がまぶしかった。

その翌日も家人たちは私を探そうと実家の近くの店で長靴を買い再び尾去沢に出かけた。

土地の人から「早朝、お堂の近くで見かけ、声を掛けたが逃げられた」とか「駐車場近くのお土産店の辺りにいた」などという情報があった。家人は対面できるという望みを持ったようだが、時間差のためか私たちは会うことはできなかった。

その日も私を探せないことを諦めきれず、村に一軒だけある宿に泊まり翌朝の捜索に備えた。その宿は、板張りの床で暖炉がある古風な洋風の建物だった。銅山開設当時は先進的な建物で尾去沢の地域全体にも活気があり、宿には客数も多く、村人の憩いの場として栄えていたと言う。

尾去沢は以前、砂防ダムが決壊して土石流が山あいの民家を襲い、村民の命が失われた土地柄でもあったようだ。山の中腹に土石流を止めるための砂防ダムが作られていた。山の下方に点在する民家が、絵のように自然の中にとけ込んだ静かな田舎町である。

翌朝はまた雨だった。家人は早朝のうちから、駐車場に行き、ゴミ捨て場に行き、そして山一帯を探して回った。尾去沢の山の形状が理解できる程まで探し回ったようだ。

山の中腹から山頂に向かって車を走らせると、山間の谷間をゴミ捨て場にしてある広大な土地があった。周辺では異臭が鼻をつく。窓を開けて車を走らせると、蝿が群がって入ってくる。蝿も多種多様で、金蝿は勿論、銀色の蝿までいる。ゴミに集まるのか、数十羽のカラスが、近くの電線に止まり行き交う車を見降ろしている。美しい自然が壊されている恐ろしさを感じながら、「ここにはもういない」と家人は確信したという。

市役所に迷いイヌの相談をし、地域の新聞社に捜索記事を依頼した他、警察に遺失物として届け、家人たちは力を落としながら家路に着いた。

移動

家人が必死に捜していた時、自分はとうに移動していたのかもしれない。

それまで、人間にしっかりと守られて生活をしていた私は、一人になって、頭の中が真っ白の状態が暫く続いた。今になると前後の詳細なことははっきりせず、夢の中にいたようである。「何で家人は自分を置いていったのだろう。でも家族のもとに帰らなくては」と、その時はそのことだけを考えていた。自宅までの約六百キロの道のりが、自分にとってどの様な意味を持つのか、その時は想像すら出来なかった。

家人が帰宅してから二、三日後、私の捜索に協力してくれた人のところへ、迷子のシェルティ犬を捕獲したと警察から連絡が入ったそうだ。その人からの電話を受けた家人は大喜びですぐ迎えに行こうとしていたが、暫くしてまた警察から

その人へ連絡が入った。保護された犬は同じシェルティ犬であったがオスだった。すぐにでも引き取りに行こうと意気込んでいた家人の落胆は想像するに余りある。

その後も、家人たちは私を連れて行ったときと同じ高速道路のサービスエリアで従業員に確認をしながら尾去沢を訪れたと言う。

結果的には何の手がかりも無く、私が自力で帰ってくることに一縷の望みを託しながら帰っていった。

迷子になって二年半、何も情報もなく、家族も漸く私のことをあきらめる気持ちになり、別の犬を飼う予定を立て、長女の卒業式の二日後には家に連れてくる予定だったと言う。

奇跡は中学校で

私が家族と再会するきっかけとなったのは、次女の中学校でのクラスメイトの会話だった。

次女も友人もそれぞれ自宅から約一時間の電車通学で都内の中学校に通っていた。女子中学校の休み時間の騒々しさは想像するに余りある。そんな中で聞こえて来たことも偶然と言えるが、次女は捨て犬の話を聞きつけ、その会話に引き付けられたようだ。聞けば聞くほどに私との類似点を見つけたという。

その犬は二ヶ月程前から友人の家の庭に居着いている。コリーに似た小型の犬で後ろ足を怪我している。怪我をしたから捨てられた犬かもと。

友人が自分の犬を散歩させる時、その犬も一定の距離を取りながら後をついてくる。彼女にだけしかついて行かない。それでも、餌を手渡しであげようとすると決してもらわないというような話だった。

次女は友人に帰宅後、その犬をリリーと呼んで反応を見てその様子を連絡してくれるよう頼んで下校した。

その日は長女の高校の卒業式だった。家では隣棟に住む祖父母も一緒に卒業祝いをしていた。長女の高校生活の思い出話も然ることながら、次女が学校で聞いてきた、犬の話で盛り上がっていた。

夜8時過ぎに待ちに待っていた電話が入った。友人が話していたその犬が、庭に設置された犬の捕獲檻に入っているとのことだった。

家人たちはその犬が私だとはにわかには信じられなかったようだ。兎に角、行って確認しようということになりすぐさま車で友達の家に向かった。

再会までの道のり

私は次女の友人の家に来る前はその地の市役所の周辺に三ヶ月間ほどいた。

市役所付近の生活でも優しく声をかけてくれる人もいたが、箒などをもって追いかける人もいた。捨て犬だろうと言われていたようである。

駅に近い場所で、次女が帰宅すると匂っていた学校の匂いを感じたように思う。

私はその匂いに引き寄せられついにその匂いの主を捜し当てた。

その子の家は市役所と線路を隔てた、閑静な住宅地にあった。この家に来て、私は失われそうになっていた希望を持てるようになった。自分の家にも同じような匂いがあった。この子に会うと次女と同じ匂いがあった。制服姿を見ると次女に見間違えることがあった。そんな時はもうすぐ会える、必ず会えると強く思った。

この家には体の大きな若い犬ジョンがいた。

日中はジョンと一緒に過ごし、夜は近くの森に帰って行く毎日だった。

時にはゴミをあさり、食べているのを近所の人に見られることもあった。

ジョンが散歩に出かけるときは必ずついていった。ジョンは首輪をされて、リードに繋がれながら、その結び目をくわえて歩くのが大好きな、オスの犬だった。私はリードをつけて歩くジョンをうらやましく思いながら、その子とジョンの後を、着かず離れずの距離を保ちながらいつもついて行った。

劇的な再会

私がここに居ついてから暫くして、近所から野良犬に対する苦情が出たそうだ。市役所では一か月程前に捕獲のための檻を設置していった。いつも檻には入らず、うまく切り抜けていたが、今日は失敗して捕まってしまった。夕方にこの檻に閉じ込められて、もうどれくらい経ったのだろう。辺りは真っ暗になり不安と恐怖でいっぱいだった。私は落ち着かず檻の中を絶えず動き回っていた。

そのような状況を照らしながら、車のライトがこちらに近づいてきた。ライトに照らされて、私からは車も人間も見えなくなった。まじかな所に車が止まり、人間たちが檻の方にやってきた。子供たちが我先にと駆け寄ってくるのが見えた。何をされるのだろう。檻から出してもらえるのだろうか。

不安は頂点に達していた。落ち着かない目をして周りに集まった人間を見上げた。すると突然懐かしい記憶がよみがえってきた。不安は急激に薄れていき懐かしい匂い、声がそこにはあった。夢にまで見た家族との再会だった。年月をかけて追い求めてきた家族がそこにいる。予想もしなかった急展開の出来事に私は気が動転していた。

長女が檻の間に指を入れてきた。その指を反射的にペロリとなめてみた。「リリーだ、リリーちゃんでしょ」と長女は絶叫に近い声を上げた。

長女の第一声を受け、子供たちは口々に私の名前を呼んだ。檻の中で自動車のライトを浴びている私は、濃い茶色の毛並みで家人が思っていたよりずっと大きく見えたようだ。家人はすぐには私だとは信じられなかったようだった。長女が私を抱き上げて檻から出そうとした時一瞬、私自身、これは現実だろうか、本当に家族だろうかとの不安が生じた。「逃げなくては」と少しもがいたが全身から力が抜けてしまうのを感じた。おしっこもちびってしまった。抱っこされて車に乗せられると、脱力感とともに睡魔が襲い、吸い込まれるように眠ってしまった。

抱かれて車に乗り、帰る道々も抱かれて眠ったままだった。目が覚めるとこの場所は見覚えがあった。驚いた目をしていると「お家だよ」と言われた。匂いを嗅ぎながら玄関に入っていった。不思議なものだ。友人の家の庭に二か月近くもいながら、卒業祝いでもあるかのように、長女の卒業式の日に再会できるなんて。

家に帰って

玄関の中に寝床を作ってもらい、ご飯を食べるとまたすぐ眠ってしまった。

翌朝も眠くて目が覚めない。午後になって散歩に連れていかれたが、連れて行ったおじいさんを振り切り、うちに戻ってきてしまった。家から離れるのが怖かった。

家に帰って二日間は、玄関の隅に作ってもらった寝床でよく寝た。朝晩の食事とおしっこ、時々目を覚ます以外は寝ていた。

二日目の夕方に、子供が私を風呂に入れている時に私が骨折していることに改めて気がついた。右足の骨が出ているると慌てて家人に電話をしていた。

家人は急いで仕事を切り上げ帰宅し、私の骨折している右後ろ脚を見て驚いていた。早速に以前かかりつけの獣医に連れて行き、診てもらったが獣医は足を切らなければと診断した。足を切るなんて……。

家人は私の足を診てもらえる先生を探し始め知人から紹介された大学動物病院を受診することになった。この病院で切断が必要と診断されたら受け入れざるを得ないと思っていたようだ。

入浴後は以前と同じように家の中での生活を始めた。二年半ぶりの我が家である。

確認のため、家の中の全部屋を歩き回り、居間のソファーのムートンに鼻をつけて嗅ぎ、各人の部屋を巡り、長男の部屋と台所では排尿をしてしまった。排尿にはそれなりの意味がある。二年半の間に長男は少年から思春期を迎え、台所は日々の生活の匂いで変化している。家人も私がこの変化に気がついて、匂い付けをしたと思っている。

私は以前と同じように子供たちとじゃれあい、何も無かったかのように遊んでいた。しかし、家人とは目をあわさず、遠くから様子をうかがっていた。どうしてそんな態度になってしまったのか自分でもわからない。「この子はお母さんに捨てられたと思って過ごしてきたのかしら」とも言われていた。このようなぎこちない態度も、以前と同じような生活が始まると間もなく分らなくなっていった。

以前は散歩が嫌いで首輪も嫌いだったが、家に戻ってしばらくは首輪とリードを持って歩いてくる家人を見ると、嬉しくてはしゃいでしまう。その上、ジョンがリードの結び目をかじっていたのを思い出し、散歩に出ると必ず、首の近くのリードの結び目を探し、得意になってかじりながら散歩した。家族からは無駄吠えと言われたが、家人と散歩できる嬉しさを体中から表しながら歩いた。

二年半の旅路で体は引き締まり、足も逞しく筋肉がつき、足先は一・五倍の大きさはあった。足の肉球にはざっくりと切れたような傷跡があり、ざらざらとゴムのように強くなっていた。五本目の指の爪は少し足に食い込み、舌の先は食いちぎられたかのように左端が欠けていた。毛並みはモサモサして梳かされることも無かったために体を一回り大きくしていた。顔は精悍になり、目は更に利口に、人の言うことを理解しようと話に注意を向けるようになっていた。

帰宅直後は、食事の仕方ががつがつしていた。早く食べてしまわなければと脇目も振らず食べきった。

一か月ほど過ぎて漸く以前の落ち着いた食べ方に戻ってきた。

また、帰ってきたばかりの頃は、よく夢を見た。うなり声をあげ、唇がめくれ上がる。バイクの音やステレオから聞こえてくる牛の鳴き声には異常なほどの反応をした。

また寝ている時にそばに人間が立っていると人間の足が怖かった。一年以上つづいた。家人は私の反応を見ては私の経験を推しはかり心を痛めていたようだ。私が迷子になっていた頃は子犬が虐待された事件や学校のウサギが殺された事件などの報道がありとても心配していたという。

帰れた幸運

家族と離れ離れになっていた二年半の間にはいろいろなことがあったが、大きな出来事でも断片的にしか伝えきれない。

右足の骨折の時は、気を失って数日間は動けなかった。感染せずに生き延びられたのも不思議に思える。

なぜ、家族のもとに帰ることが出来たのか、それは自分にもわからない。どこを歩いているのかも分らないのに、自分の勘を頼りに、ただひたすら家族のもとに帰りたいと願い歩いた。家族が私を思っていた以上に私も家族を思い、苦しい時ほど家族を思い出しそれを力にして絶対に諦めなかったからだと思う。

再会するまでの間、色々なことがあった。

私の体に刻まれた傷跡や太くなった足、動き方、吠え方、反応の仕方などから、私に起きたことを家人は推測している。傷として残ったこと以上に、大変な経験をしたのだろうと思っているようだ。

本当にいろいろのことがあった。生きていて家族と再会できたことを奇跡だと思える。

家人は知人に「日本犬は帰ってくることもあるけれど、洋犬は方向感覚が弱いから帰れないだろう」と言われていて諦めかけていたという。それでも、夜寝る前には毎日「リリー、帰っておいで」と念じて、この気持ちが届くようにと願っていたそうだ。帰ることができたのは自分の中に残っている野生のためか、家人の祈りをテレパシーで感じたからか、それとも神様が導いてくれたからなのか。

受診

オピニオン受診の予約日には朝六時に車で家を出て、二時間かけて都内の大学病院に着いた。車は木陰のある駐車場にとめて、病院の開く時間を待つ。春休み中の子供たちも同行し、楽しく乗ってきたが、病院に近づくと自分に関係することだと感じ落ち着かなくなった。首輪とリードをして家族と一体となったことを感じながら、農学部に所属する家畜病院に入った。

一階は会計、外来は二階にあった。家畜病院といっても患者は犬や猫がほとんどで、早く来た犬・猫は飼い主と共に行儀よくじっと順番を待っていた。患者は都内からは勿論、神奈川県、千葉県、栃木県、埼玉県など時間をかけて、連れてこられて受診していることが多かった。

人間の病院と同じように、患者は高齢化が目立つ。

普段は威嚇しあう犬と猫がお互いを意識しながら上目遣いでちらっと見る。でもそれだけだった。皆わが身のことで精一杯なのだ。なぜこんな所に連れてこられるのだろう。なぜ、こんなに皆静かにしているのだろう。早く、家に帰りたい。待合室全体がそんな雰囲気だった。おしっこをちびってしまう者もいた。リードで引っ張られても、腰を下ろして踏ん張っている者もいる。皆、不安を感じ押し黙っているのだ。

私も緊張して不安だった。ここに入る前からプルプル震えが止まらず、全身の震えを家人に伝えながら名前を呼ばれて診察室に入ると問診と診察があった。私は怖くて緊張していたが先生は丁寧に診てくれた。「骨折の時期は古いようだ」「野生動物の捕獲罠に入ってしまったのかな」とつぶやきながら骨折している足先をピンセットでつまんだ。私はつままれて思わず足を引っ込めた。この様子を見て「足先には神経が来ているので切断しなくてもいい」と診断された。手術をすると右足は多少、短くなるが生活に支障のない範囲で感染の心配がなくなるだろうと説明された。術前の検査を実施し、手術の日が決まった。

手術

入院当日、いつものように、子供たちとお出かけだと思い、はしゃぎながら大喜びで車に乗った。そしてまた、途中で病院に向かっていることが分ると、不安になり落ち着かなくなった。家人は私のことを犬だから分らないと思っているようだが雰囲気などでよくわかる。

病院に着くと二階の待合室で担当の先生に私を預け家人たちは帰ってしまった。私たちの病室と言われている檻の中で不安な夜を過ごした。家族がまた置いて行ってしまったという気持ちだけが強く残った。

術後は翌日から見舞いが出来たので、家族は早速、見舞いにきた。

入院している動物への面会は、三階の入院病棟から二階の待合室まで連れてきて行なった。術後一日目の私は体の調子が悪く家人が来ても反応しなかったようだ。私自身その日のことはあまり覚えていない。右足モモの上まで剃毛してあり、イソジンで消毒した後がモモに残っていた。

麻酔の副作用かと思われるほど無反応で表情が無かったようだ。この無反応さに家人たちは、漸く帰ってきたのに、また離れ離れになってしまったと言う気持と捨てられたという虚無感で一杯になってしまったのではないかと言っていた。あるいは麻酔の所為だったのかもしれないが、目がうつろで反応が無く、深く絶望している目に思えたという。

二日目も、まだ元気は戻らなかった。先生に抱っこされ、エレベーターに乗って下りてきたが、抱かれている様子はダラリとして、からだ全体から力が抜けていた。先生から家人が私を受け取り抱くが、目にも生気は戻っていなかったようだ。再会の時と同じように、特に家人に対しては無視をしているかのように表情は動かなかった。病室の檻の中で便をしたが、お尻の一帯の毛に便がこびりついていた。目は開けているが反応が少ない。家人は私を抱っこしながらぬらしたタオルでお尻の便を拭き取りながら、面会時間を過ごした。面会時間が終わって先生に渡されても、嫌がりもせず渡されるままに抱っこされて病室の奥に戻った。

三日目になるとだいぶ体調が戻ってきた。それとも体調が戻ったのは家人に対する信頼が戻ったからなのか。エレベーターに乗せられて階下に下りて行く前から家人が来ていることが分かった。家人を見つけると喜びの声を上げその声が待合室中に響いた。

家族は毎日面会に来た。来ると私を病院内の庭へ散歩に連れて行ってくれた。午後からの二時間余りの面会時間はあっという間に過ぎ、私は家族から先生に預けられ三階の病棟に戻された。後々、家人から「あの病棟にもどされる時の寂しそうなリリーの目の表情が忘れられない」と言われた。

家人たちが十日程通ってくると、先生は通いも大変だろうからと退院して様子を見るようにと言ってくれた。私はギプスをしたままで退院することになった。家に帰ってからは嬉しくてじっとしていることは無く、ギプスをしていても動き回っていた。そのためか骨折箇所に入っていた固定のための五センチほどのピンが抜けて出てしまった。

再手術

翌日、再受診した。古い傷のためかなかなか繋がらず再手術でもう少し骨を切り取ってつなげる必要があると言われた。多少短くなっても足がなくなるよりはいいと再手術することになった。

二度目の手術の時は、私は翌日から家人の見舞いを待っていた。初回との違い、それは何だったのだろう。見捨てられた気持が無かったのが表情の違いに出たのではないだろうか。家族が来るのが嬉しくて大喜びだった。

今度の手術はボルトを埋め込んでしっかりと固定してもらった。骨が接合できたら、ボルトを取り除く手術をすると言う。今回は、一週間ほど入院し、順調に退院した。ギプスの足はほとんど使わず、三本足でもあまり不自由はなかった。

一か月後の受診でギプスがはずれ、鳥モモ様になっていた右後足は少し毛が伸びたが、筋肉が落ちてげっそり細くなっていた。気をつけてみれば、足は確かに短くなっていた。それでもギプスを取ってもらい自宅に帰ることが出来るので嬉しかった。病院に向かっている時とは対照的に、嬉々として帰路に着いた。

ギプスを取り外してからも暫くはほとんどその足は使えなかった。散歩すると、つま先がすれてヒーヒー泣くことが多かった。リハビリでマッサージをしてもらったり、爪がすれないように包帯をしたり、犬用のくつを買ってもらったり、家人は色々工夫をしながら散歩に連れて行ってくれた。このような足の状態は数か月続いたが、次第に患足も上手に使えるようになった。

普段の生活とこれから

その後の生活は怪我をした足のこと以外は病気もせず現在まで元気に過ごしている。あの大変な二年半の時期を取り戻しているかのように、家族に愛され安定した毎日を過ごしている。

迷子の犬は帰ってきても早死にすると知人に言われたと、家人は私が帰ってきて一、二年の間はびくびくしながら育てていたようだ。

あれから十二年が経つ。睫も顔も白髪が増えて、外見からも老犬だと分るようになってきた。眠っていることも多くなった。家人が帰ってきても気づかずで、人間の高齢者と同じような状態になってきている。それでも食欲は老犬といえないほどだし、物事に対する関心もまだまだ衰えていない。

先日は近所の先生に健診をしてもらった。高コレステロール血症が指摘されたそうだ。ドックフードを勧められたようだが家人は「犬用のものは本当に安全なのか」と疑問に思い、自分達と同じ物を食べさせる。

家人も職場の健診で高コレステロール血症を指摘され、家族で食生活の改善を行っている。私はワカメでも納豆やお刺身でも、家人が「おいしい」というものなら何でも食べている。特に、納豆ごはんはかき混ぜている音が聞こえるだけで食欲がそそられて、何時の間にか私の好物になっている。人間より厳しく食事療法をしてもらい、今は若者と同じような値で長寿を謳歌している。

冬は寒くなってくると私がかわいそうだからと早めに暖房を入れ、夏は暑いだろうからと冷房を入れてくれる。お陰で、私の犬生の後半は家族と共に、快適な生活を送っている。

今はまだ、体力は多少低下しながらも排尿便や食事は若い頃と変りが無い。それでも家人たちとの別れを時々思う。まだまだ先のことであってほしいが、いずれその時は必ず来る。それでもその時は静かに受け入れなければと思っている。

今こうして家族と共にいられることに幸せを感じる。家人は私たちが再会できたのは奇跡だと言っている。私もそう思う。
今のこの幸せに心から感謝したい。

［著者］小椋 てつ
東京都特別区内の保健所等で、保健師として勤務。

再会《さいかい》の奇跡《きせき》

発行日　2024年10月17日　第1刷発行

著　者　小椋《おぐら》 てつ

発行者　田辺修三
発行所　東洋出版株式会社
〒112-0014　東京都文京区関口1-23-6
電話　03-5261-1004（代）
振替　00110-2-175030
http://www.toyo-shuppan.com/

印刷・製本　日本ハイコム株式会社

ISBN 978-4-8096-8714-3
定価はカバーに表示してあります

ISO14001 取得工場で印刷しました